AF509845

NOTICE

D'UNE COLLECTION

D'OBJETS D'ART ET DE CURIOSITÉ,

Meubles, Bronzes, Statuettes, Ivoires et Bois sculptés, Porcelaines de vieux Sèvres, Saxe, Chine, et autres, montées
et non montées, Emaux, Tabatières, Miniatures, Mé-
dailles en or et argent, et autres, Bijoux anciens, Armes
anciennes et Armures gravées et dorées,

ET ENVIRON 200 TABLEAUX

DES ÉCOLES ITALIENNE, HOLLANDAISE, FLAMANDE

ET FRANÇAISE,

Dont la vente aura lieu à l'Hôtel des Commissaires-Priseurs,

PLACE DE LA BOURSE, 2,

Salle nº 1,

Les Lundi 15, Mardi 16, Mercredi 17, Jeudi 18,

Vendredi 19, et Samedi 20 Novembre 1841,

une heure précise, et le soir à 7 heures,

Par le ministère de Mᵉ DÉODOR, Commissaire-Priseur,
rue Montmartre, 154,

Assisté de M. BELLAVOINE, expert, passage du Caire,
galerie Sainte-Foix.

—

EXPOSITION PUBLIQUE

Dimanche 14, de midi à 5 heures.

—

LA NOTICE SE DISTRIBUE

Chez Mᵉ *DÉODOR et M. BELLAVOINE.*

AVIS.

Il est bon de prévenir MM. les Amateurs et Marchands, que cette Notice ne renferme que la désignation d'une très petite partie des objets principaux que nous avons à vendre, et nous les engageons beaucoup à se rendre à *l'exposition du dimanche* qui précèdera la vente, pour prendre connaissance des objets non catalogués qui ne méritent pas moins leur attention.

La vente se fera au comptant, et les acquéreurs paieront 5 centimes par franc, en sus de leurs prix d'adjudication, applicables aux frais de vente.

NOTICE.

PORCELAINES DE VIEUX SÈVRES, CHINE, SAXE, JAPON ET AUTRES.

1   Un Trépied en vieux Sèvres, pâte tendre.

2   Un Vase   id.   pâte tendre, monté en bronze doré.

3   Deux Trépieds en Japon, montés en bronze doré.

4   Deux Vases en marbre et médaillon, montés en bronze doré.

5   Deux Assiettes en Japon, montées aussi en bronze doré.

6   Une Corbeille en Saxe, montée en bronze doré.

7   Deux Vases montés en bronze doré.

8   Une Porcelaine rocaille avec cuivre doré.

9   Deux Vases octogones en Japon.

10   Une Soupière en Japon, très richement décorée.

11   Un Sucrier en Japon, monté en argent.

12   Une Figure en Saxe, représentant Arthémise.

13   Une Tasse vieux Sèvres, bleu de roi, et médaillon.

14   Deux Vases de Chine, montés en bronze.

15   Deux Assiettes Japon,   id.   id.

16   Trois Plats en Japon, riches de décors.

17   Deux Flacons rocaille, montés en cuivre doré.

18   Deux Chinois, pierre de Laar, montés sur socles rocaille, en même pierre.

19   Deux autres en pierre de Laar, montés sur socles en bois.

20   Deux autres en terre de Chine, montés sur porcelaine.

21   Deux Cassolettes en cuivre de Chine.

22   Trois Vases en Céladon, montés en cuivre doré.

23   Deux Bouteilles et un Vase de Chine, richement décorés.

24   Deux autres.

25   Une Statuette en terre, de Bernard Palizzi.

26   Deux Chinois Céladon, socles dorés.

27   Un Pot à eau et Cuvette, montés en argent.

28   Un Chat en porcelaine de Saxe.

29   Deux Vases à jour en porcelaine de Saxe.

30   Plusieurs Théières en Boccaro.

31   Un Cabaret de cinq pièces en Wousvoude.

32   Deux Vases en Spat fluor, montés sur marbre.

33   Un Vase en Saxe, avec fleurs en relief.

34   Une très belle Perdrix modélée en terre de pipe.

35   Deux Bas-Reliefs en terre cuite, par Clodion, des Jeux d'Enfans.

36   Une quantité de porcelaines, groupes, biscuits et autres qui seront divisés.

37   Un bel Ouka avec son tapis brodé en fin, tous ses accessoires garnis en vermeil.

38   Une belle Longue-Vue montée sur son pied en acajou.

GLACES, PENDULES, CANDELABRES ET AUTRES BRONZES.

40   Une Glace à la Louis XIII, garnie de cuivre repoussé.

41   Une autre même époque, et cuivrée.

42   Une autre du temps de Louis XV.

43   Une Pendule rocaille, style Louis XV.

44   Une autre en marqueterie.

45   Une autre en cuivre et corne avec son pied.

46   Une autre en vernis Martin et fleurs.

47   Quantité de Candelabres, bras de Cheminée,
feux, et autres objets en bronze, dont le de-
tail eût été trop long, et qui seront divisés.

ARMES FRANÇAISES.

48   Deux Morions gravés et cicelés du temps de
la ligue.

49   Un beau Casque à visière.

50   Une grande et plusieurs autres Epées à deux
mains.

51   Deux paires de Pistolets incrustés d'ivoire.

52   Une belle Épée ancienne avec poignée gravée et repoussée.

53   Une autre à grille.

54   Une autre à garde à jour.

55   Une très belle Épée du siècle de Louis XIII,
ciselée et damasquinée en or, provenant du
cabinet de M. le comte d'Istrie.

56   Une autre, aussi très belle, du temps de
Louis XVI.

57   Six Armures, dont une gravée et une autre
gravée et dorée.

58   Quatre Trophées d'Armes et Armures.

59   Et quantité d'autres Armes françaises, anciennes et modernes, qui seront divisées.

ARMES ÉTRANGÈRES.

60   Un Couteau de chasse turc en damas.

61   Deux Sabres indiens plaqués en argent.

62   Un Fusil à roue.

63   Un Sabre turc en damas.

64   Plusieurs Dagues et Poignards qui seront
divisés.

65   Un Couteau en damas garni d'or.

66   Quantité d'Arcs, Flèches, Armes étrangères
qui seront détaillés.

IVOIRES, MINIATURES, TABATIÈRES, BIJOUX
ET MEDAILLES.

67   Un Christ.

68   Une Fête flamande, sculptée par Graillon.

69   Les Joueurs de Dames, par le même.

70   Une très belle Parure montée en argent,
ayant appartenue à une actrice célèbre.

71   Quantité d'Ivoires, Miniatures, Repoussés,
Tabatières doublées d'or et d'argent, Mé-

dailles en or et argent, Bijoux anciens, Pierres gravées, qui n'ont point été décrits pour éviter les longueurs et qui seront divisés.

MEUBLES.

72   Un très beau Bureau du temps de Louis XV, orné de cuivre doré.

73   Un Cabinet en ébène sculpté, avec incrustation d'ivoire, doubles colonnes, Torses et Statuettes en ivoire sur la galerie.

74   Un Casier en ébène, avec incrustations de cuivre.

75   Un Coffre turc plaqué en nacre de perle.

76   Un Coffre-fort en fer repoussé, avec Serrure à secret, ayant appartenu à l'Empereur.

77   Quantité d'autres grands et petits Meubles en marqueterie, Serrures du moyen-âge, qui seront vendus sous ce numéro.

Notice des Tableaux.

---

1   OCTOVÉNIUS. Cléopâtre et Marc-Antoine, d'une grande richesse de composition et d'une admirable couleur : il est digne de Rubens.

2   SALVIATI La Vierge, l'Enfant-Jésus et saint Jean ; tableau fini et bien conservé.

3   SOLIMÈNE. Sujet allégorique ; ce tableau est bien pur.

4   VERNET (Joseph), Une Tempête : cette production est de la plus belle qualité de ce maître.

5   SASSOFÉRATO (Attribué a). Une Tête de Madone.

6   LOIR (Nicolas). Les Heures.

7   FRANC. L'Adoration des Mages.

8   CARLE MARATTE (Attribué a). La Vierge et l'Enfant-Jésus.

9   LE JÉSUITE D'ANVERS. Quatre Pendans représentant les Quatre-Saisons ; jolis petits tableaux bien conservés.

10   DROUET. La princesse de Condé allaitant son Enfant.

11   ALBERT DURER (Attribué a). Portrait d'Évêque.

12   LAGRÉNÉE. Suzane et les Vieillards.

13   LESFONTAINE. Intérieur d'une Ferme : ce tableau est fin et très joli de composition.

14   CARPENTIER. Deux fort jolis petits Tableaux faisant pendant.

15   HOLBEEN (Attribué a). Deux petits Tableaux faisant pendant.

16   FRAGONARD. Un Peintre en train de dessiner; derrière lui son élève embrasse sa fille.

17   COEPEL (Charles). Hercule et Omphale.

18   Du même. Jupiter et Léda.

19   GÉRARD DE LANOTTE. Un Homme tenant un verre.

20   Du même. Une vieille Femme tenant une lumière.

21   LEPRINCE (Xavier). Un Paysage avec figures.

22   DESPORTE. Un Chien de chasse, tenant un perdreau sous la patte.

23   NATTIER. Portrait d'une des Filles de Louis XV.

24   DAVID DE HEMM. Tableau de Fruits.

25   ALBANE (Attribué a). Chloé et Daphnée.

26   CARLO DOLCI (D'après). Mater Dolorosa.

27   BREUGEL D'ENFER. Mars et Vénus surpris par Vulcain.

28   LEMERCIER. Un Paysage.

29   BOUCHER (François). Un joli Paysage.

30   RAPHAEL (D'après). Une sainte Famille.

31   DÉSAINE. La Balançoire, scène pastorale.

32   Du même. Le Colin-Maillard.

33   CARLO DOLCI (Attribué a). Mater Dolorosa.

34   LANCRET. Un Concert, scène pastorale.

35   ALBANE. Vénus et Adonis.

36   BOUCHER (François). Un Paysage.

37   CARLE MARATE. Les Adieux de Tobie à sa famille.

38   LUCAS LEYDE (Attribué a). La Circoncision de Notre Seigneur, tableau bien conservé.

39   ALBERT DURER (Attribué a). Sujet tiré de l'Histoire Sainte.

40   LAGRÉNÉE. Hercule chez Omphale.

41   POEL VANDER. Un Intérieur de Ferme.

42   LAGRÉNÉE. La Toilette de Junon.

43   VANDERBURCK (Le vieux). Joli Paysage avec figures.

44   MIGNARD (Pierre). L'Enfant-Jésus sur les instrumens de son supplice.

4   BAPTISTE. Deux Pendans, paysage et figures.

46   DÉMACHY. Vue du jardin des Tuileries sous

Louis XV, enrichie d'une multitude de figures;
costumes du temps.

47   STELLA (D'APRÈS). La Balançoire, scène pastorale.

48   MOMMERS. La Marchande de volaille.

49   DELAROCHE (HONORÉ). Vue de Montmo-
rency.

50   GREUSE (J. B. D'APRÈS). L'Arrivée de la
nourrice.

51   LE MÊME. (D'APRÈS). La Batelière.

52   WUYNANS. Paysage.

53   BRUANDET. Paysage, pendant du précé-
dent.

54   DORDAKI. La Faneuse.

55   MOLINE. Paysage, vue prise en Hollande.

56   GRAILLY. Paysage, Moulin de Bobigny.

57   HUET. Le Diseur de bonne aventure.

58   VAN DER MEULEN. Paysage et figures, tableau extrêmement fin.

59   HOUET (SIMON). Diane invitée à la chasse par
ses Nymphes; tableau de la plus belle qualité
de ce maître.

60   OUDRY. Un Chien tenant un Faisan en ar-
rêt.

61   WOUVERMANS (ÉCOLE DE). Chasseur se re-
posant avec son cheval et regardant son gibier
avec complaisance.

62   LE CORRÈGE (ÉCOLE DÈ) Vénus à sa toilette; tableau très fin.

63   MAITRE INCONNU. Tableau hollandais, la Marchande de poissons; ce tableau est fin et bien composé.

64   ORIZZONTI. Les Musiciens.

65   LAURENT DE LAHYRE. Paysage et figures.

66   STELLA. La Fuite en Egypte.

67   PANNINI. Tableau à horloge avec architecture, paysage et figures.

68   LE DOMINICAIN. Une Madeleine repentante.

69   SWEBACK (ATTRIBUÉ). Deux jolis Paysages avec figures faisant pendant.

70   CARRACHE (LOUIS) (ATTRIBUÉ). On porte l'Enfant-Jésus à la circoncision.

71   CRAESBECKE (ATTRIBUÉ). Des Militaires se battent à la suite du jeu.

72   VANDICK. Tête de Déjanire.

73   POELENBURG (CORNEILLE). Apothéose de la Vierge et l'Enfant-Jésus.

74   STENWUIK. Intérieur d'un Temple protestant.

75   VENVORT. Portrait d'homme à turban.

76   RAOUX. Une Femme tirant un rideau.

77   GREUSE (D'APRÈS). Un Enfant tenant un Chien dans ses bras.

78   JUCOS (Signé). Un Philosophe en médita-
tion.

79   BOTH (Jean). Paysage et figures.

80   TÉNIERS (Attribué a). Une Femme assise,
épluchant des pommes.

81   CALVART (Maitre du Guide, Denis). L'Assomption de la Vierge.

82   RAPHAEL (d'après). La Vierge, dite la Belle
Jardinière.

83   CARLO DOLCI. La Mère de Douleur.

84   SALVATOR ROSA. Site agreste orné de
figures et animaux; tableau remarquable.

85   RUBENS (Pierre-Paul, école de). Un Portrait.

86   CUYP (Albert). Deux Enfans devant un plat
de raisin.

87   TASSÉ (attribué a). Joli Paysage.

88   THÉOLON. Paysage avec figures.

89   DEMARNE (attribué a). Paysage, figures et
animaux.

90   POELEMBURC (Corneille). L'Assomption
de la Vierge.

91   KERESS et VANBALLEN. Animaux et figures.

93   MURILLO (Estéban). Une Sainte à genoux
reçoit la palme du martyre. Ce tableau, d'un
mérite incontestable, porte tous les caractères
d'une véritable originalité.

94 HOBBEMA (M.). Paysage avec figures, d'un effet piquant et d'un faire aussi facile que savant.

95 VANDERLYS. Une Femme de distinction à sa toilette ; elle est entourée de ses dames d'atours. Tableau agréable et d'un joli coloris.

96 MARIA-CRESPI. La Présentation au Temple; riche composition traitée à la manière de Paul Véronèse. Ce tableau provient de la vente Tardieu.

97 ROGMAN. Paysage agreste avec figures , d'une bonne couleur et bien conservé.

98 LAHYRE (L.). Narcisse se mirant dans l'eau.

99 OSTADE (Van). Deux Intérieurs.

100 CARRACHE (Louis). Le Mariage de Sainte Catherine.

101 COEPEL. Tableau Mithologique.

102 HUDEN (Van). Paysage orné de figures par Teniers (David).

103 PARROCEL. Une Bataille.

104 LATOUR. Un pastel; une Dame de la cour de Louis XIV.

105 LEPRINCE (Xavier). Un fort joli Fixé.

106 Sous ce numéro seront vendus beaucoup de bons tableaux que le temps ne nous permet pas de cataloguer.

Imprimerie de Madame de **LACOMBE**, rue d'Enghien, 12.